E起充电吧

充电宝里的储能工厂

武光华　陈　磊　陶　鹏　郭　威
张　宁　白新雷　程　慧　朱文亮◎著
冀　明　王志涛

中国电力出版社
CHINA ELECTRIC POWER PRESS

图书在版编目（CIP）数据

充电宝里的储能工厂 / 武光华等著. -- 北京：中国电力出版社，2025. 2. -- （E起充电吧）. -- ISBN 978-7-5198-9597-6

Ⅰ. TM911-49

中国国家版本馆 CIP 数据核字第 2025GJ2707 号

出版发行：中国电力出版社
地　　址：北京市东城区北京站西街 19 号（邮政编码 100005）
网　　址：http://www.cepp.sgcc.com.cn
责任编辑：陈　丽
责任校对：黄　蓓　张晨荻
装帧设计：赵姗姗　锋尚设计
责任印制：石　雷

印　　刷：北京瑞禾彩色印刷有限公司
版　　次：2025 年 2 月第一版
印　　次：2025 年 2 月北京第一次印刷
开　　本：787 毫米 ×1092 毫米　16 开本
印　　张：2.5
字　　数：33 千字
定　　价：20.00 元

寄语

亲爱的读者：

您好！

电是我们生活中密不可分的“小伙伴”，它如同充满活力的精灵，跳跃奔跑在每一个角落，为我们的生活带来了前所未有的便利与繁荣。

您知道电是从哪里来的吗？您知道电是如何输送储存的吗？您知道电力科技是如何改变生活的吗？在此，非常荣幸地向您推荐《E起充电吧》系列电力科普丛书，这是一套由国网河北省电力有限公司营销服务中心（简称国网河北营销中心）的电力科技工作者们精心编制的电力前沿科学技术知识的趣味科普丛书。

《E起充电吧》系列电力科普丛书将科学性和趣味性融为一体，以大家喜闻乐见的故事为载体，采用生活化的语言，轻松揭开电力前沿科学技术的神秘面纱，通过画册的形式将深奥的科学知识讲得形象生动。书中的主人公小智在智慧用电科普基地电力科普小使者小E的带领下，前往桃花源探索微电网背后的奥秘，通过乘坐无人驾驶汽车了解无人驾驶的科学原理，在给电动汽车充电的过程中认识不同类型充电桩的神奇功能，利用穿梭机进入光伏板内部零距离观察光电转化的秘密，在储能电池内部参观电能被储存和释放的科学过程。

善读书，读好书。一本好的科普读物犹如一匹骏马，带您不断向前奔驰；一本好的科普读物恰似一座宝藏，让您不停探索奥秘；一本好的科普读物宛若一双翅膀，载您尽情翱翔蓝天。那么，接下来就让我们跟着《E起充电吧》开启愉快的科普阅读之旅吧！

最后，祝您在阅读中发现更多电力的奥秘与乐趣！

国网河北省电力有限公司营销服务中心

2024年10月

基地简介

国网河北营销中心智慧用电科普基地，是国网河北营销中心倾力打造的集研学、创新、实践、科普为一体的电力特色科普基地。基地致力于电力科普工作，宣传最新电力成果、传播电力科学知识、普及安全用电常识、开展科普教育活动，促进全民科学素质提升。基地先后被命名为“河北省科普教育基地”“河北省科普示范基地”“电力科普教育基地”“能源科普教育基地”。

智慧用电科普基地官方微信

欢迎关注“智慧用电科普基地官方微信”学习有趣好玩的电力知识，了解电力前沿动态。

人物介绍

小智：性格开朗的阳光男孩，对未知的世界充满好奇，对科学知识充满渴望，喜欢探索新鲜事物，热衷观察生活，擅长思考钻研科学问题。

小E：电力科普小使者，来自国网河北营销中心智慧用电科普基地，精通电力科学知识，热衷于探索一切关于电力的创新科技，喜欢科普电力世界的科学知识和原理，是孩子们学习成长过程中的好伙伴。

小智在学校的化学比赛中得了奖，于是找妈妈借来手机给外婆打去电话，小智非常开心：“外婆，我今天在学校化学比赛中得了一等奖，厉害不厉害？”手机传来外婆的声音：“厉害厉害，小智最厉害了！”

突然，手机提示仅剩5%的电量，小智焦急地看着小E说：“糟了，手机要没电了。”小E拿出充电宝，帮小智给手机充上了电。

20%

小智拿着充电宝，好奇地对小E说：“多亏了充电宝，不过它是怎么把电存起来又放出来的呢？”

小E摸摸头说：“充电宝就是一个储能电池，它使用的是现在应用最广泛的电化学储能技术。嗯……我们一起去‘超级储能工厂’看看吧。”
超级储能工厂

小E：“超级储能工厂主要有4个车间——变流器车间、电池组车间、电池管理车间、能源管理车间。每个车间的功能不同，它们一起组成这个工厂，缺一不可。”

小智挠挠头说：“这几个字母是什么意思啊？”小E：“PCS[1]是双向储能变流器的英文缩写，这个车间就是电池系统的变流器车间。走，咱们进去看一看。”

❶ PCS：英文全称是 power conversion system。

PCS

小E：“这个车间相当于一个超大号的充电器，但与普通充电器的区别在于它是双向的，PCS车间就是电池系统与电网、用电设备之间的桥梁，一方面将电网的交流电转化为直流电，为电池组车间供电；另一方面是将电池组的直流电转换为交流电，输出给用电设备。”

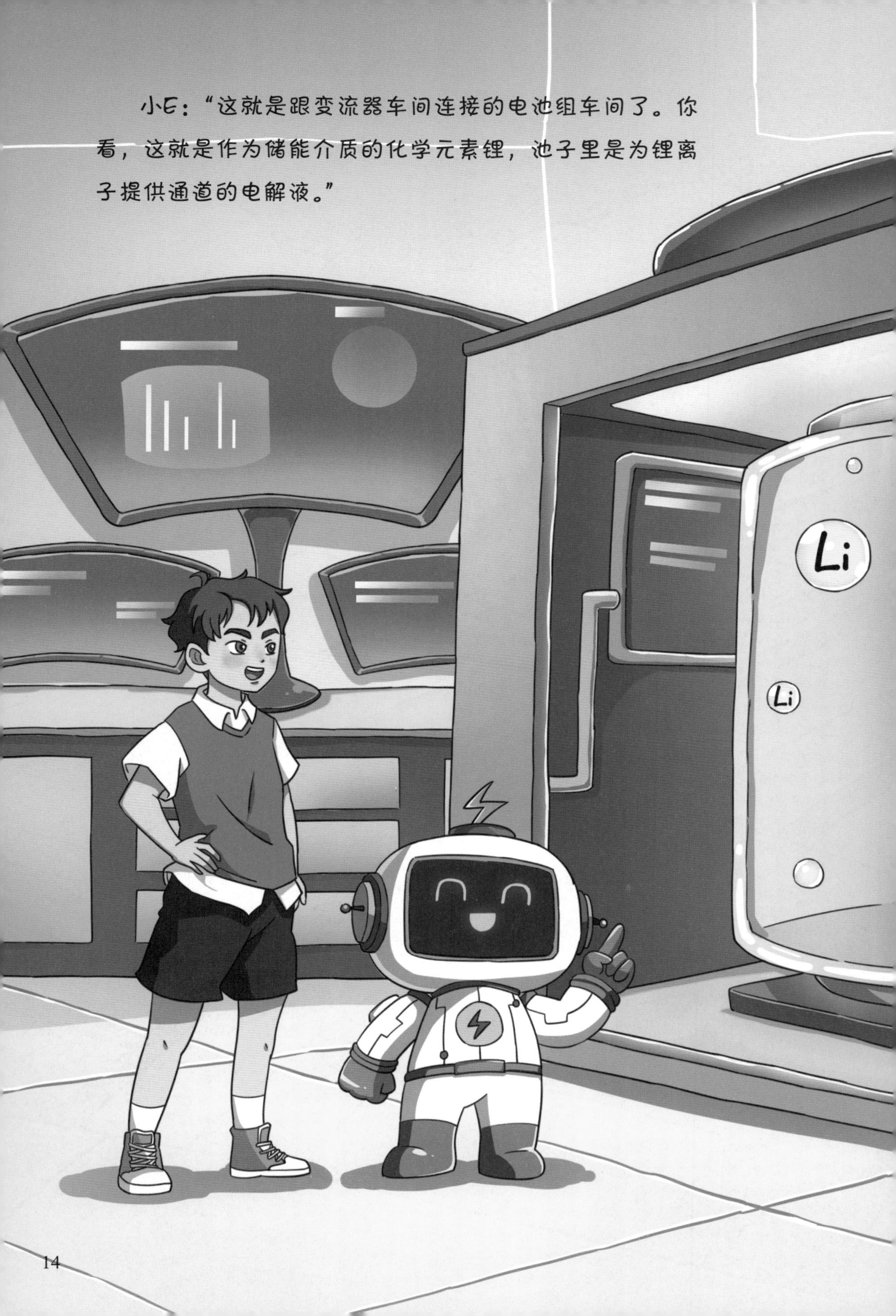
小E："这就是跟变流器车间连接的电池组车间了。你看，这就是作为储能介质的化学元素锂，池子里是为锂离子提供通道的电解液。"
Li
Li

Li
Li
Li
Li
Li
Li
Li
Li
Li
Li
Li

小E：“这就是电池系统的指挥室，
主要负责电池系统的安全管控。”

“这就是电池系统的大管家。他们严格把控进出工厂的产品质量，实时监测电压、电流和温度等数据，分析电池的剩余容量、健康状态等信息，防止电池出现过度充电和放电，延长电池的使用寿命。”

小E看向上面：
“走，带你去最后一
个车间看看。”

小智兴奋地说："哇！这个车间真漂亮啊！"小E："这个能源管理车间可是超级储能工厂重中之重的地方，它将储能系统的全部信息进行汇总，面向用户提供系统运行数据，帮助运营者全方位掌握整套系统的运行情况。"

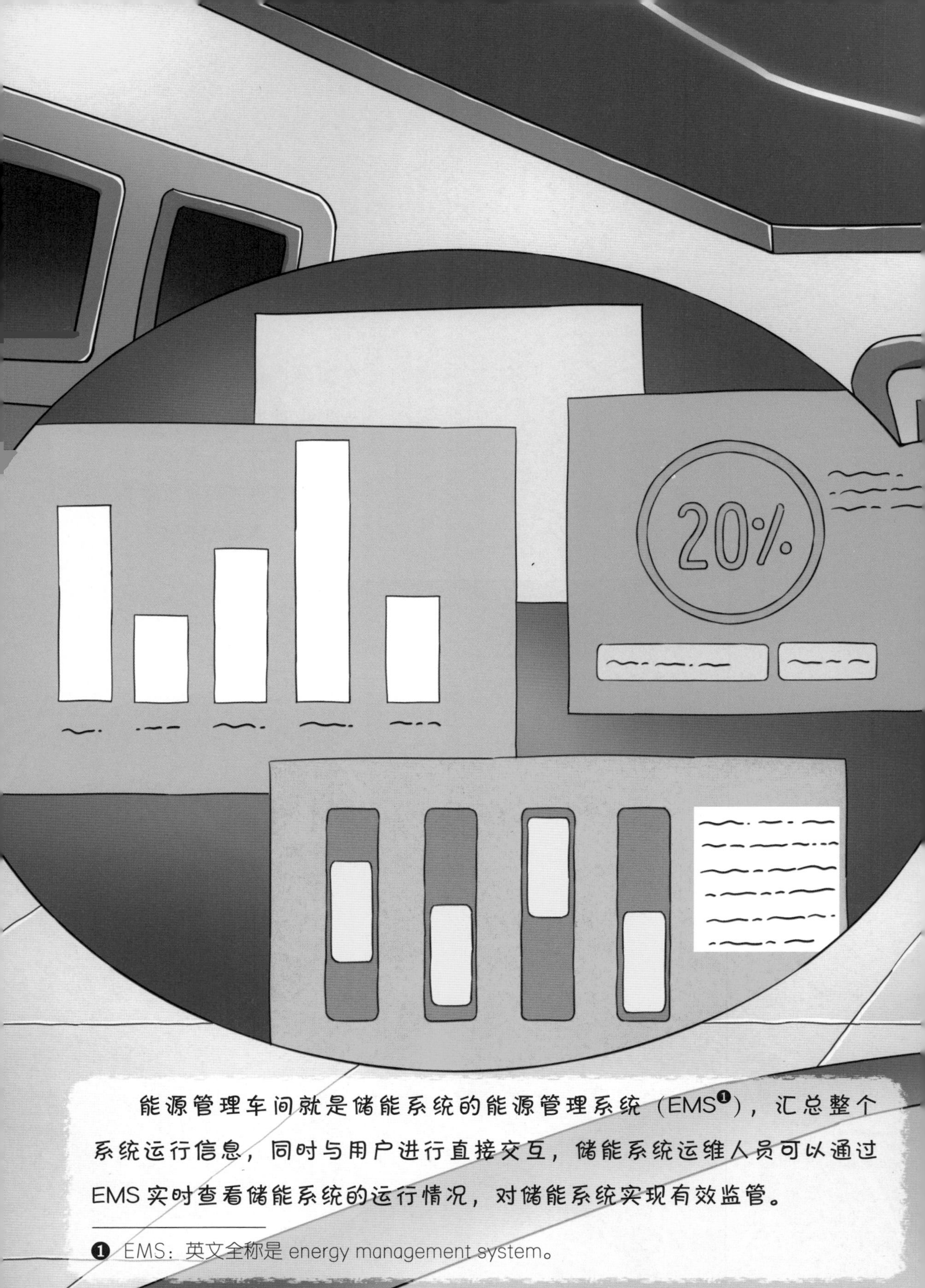

能源管理车间就是储能系统的能源管理系统（EMS[1]），汇总整个系统运行信息，同时与用户进行直接交互，储能系统运维人员可以通过EMS 实时查看储能系统的运行情况，对储能系统实现有效监管。

[1] EMS：英文全称是 energy management system。

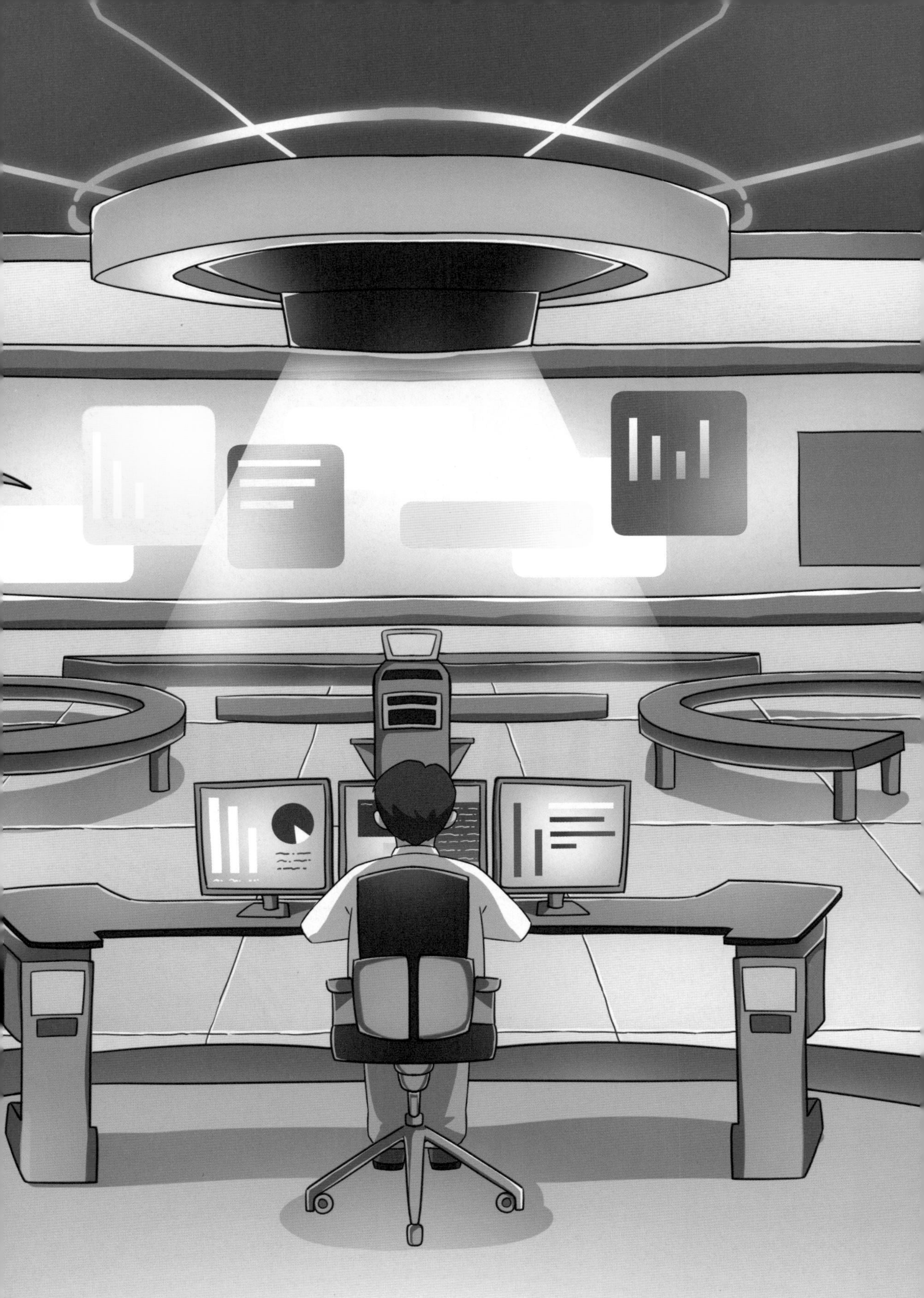

“哇！这个储能工厂太厉害了！想不到小小的充电宝里面蕴藏着这么复杂的储能系统啊！”小智看着眼前的储能工厂。

小E：“刚刚参观的是整个电化学储能系统的工作过程，我们的充电宝采用的也是同样的工作原理。在日常充电时把电能转化为化学能储存起来，在需要给手机或平板充电的时候，再把化学能转化为电能。”

拓展阅读

储能的分类

储能技术根据其工作原理进行分类，可分为机械储能、电化学储能、电磁储能、热储能和氢储能五类。

电磁储能
热储能
H_2
氢储能

机械储能：主要包括抽水蓄能、飞轮储能和压缩空气储能等。

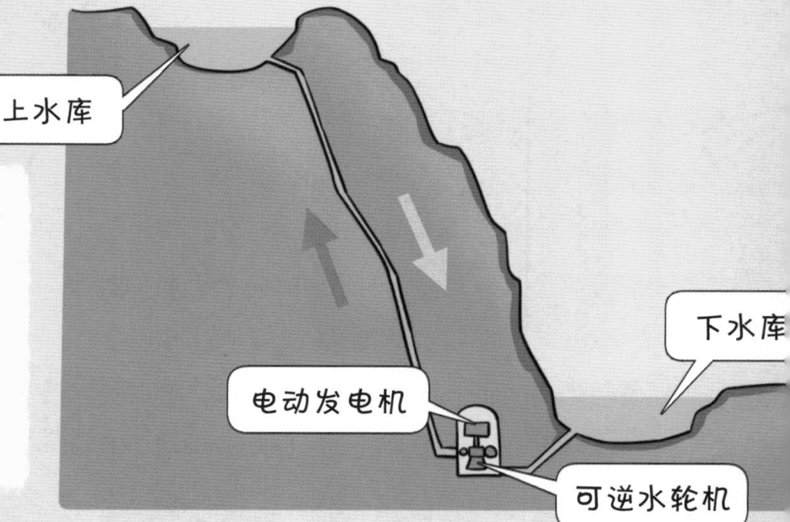

抽水蓄能通过利用多余的电能将水抽上山（上水库），然后在电力需求高峰时释放水流（下水库）发电。

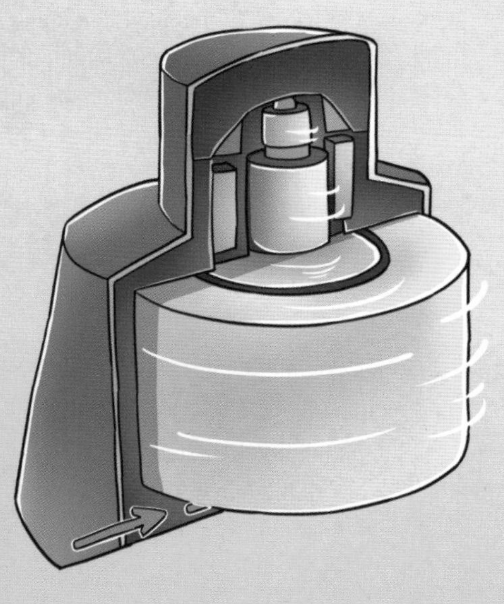

飞轮储能是利用高速旋转的物体储存能量，在需要时释放能量。

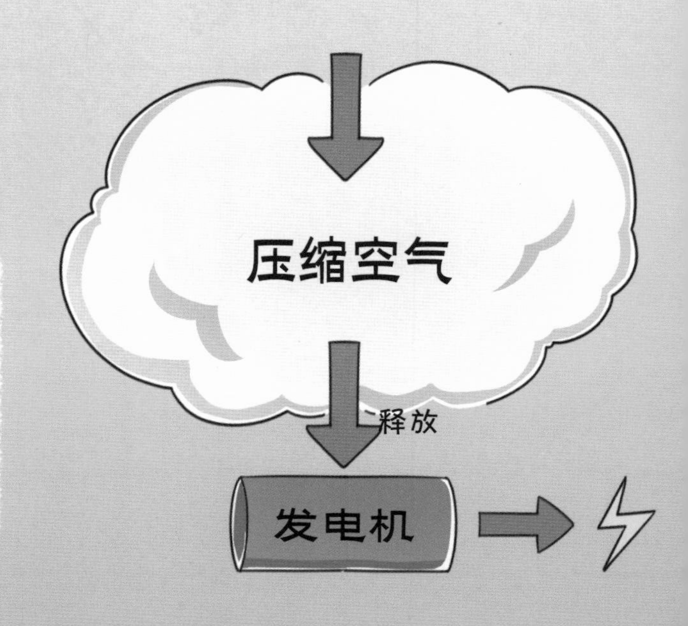

压缩空气储能是在电力充裕时将空气进行压缩存储，在需要能量时，释放压缩空气推动发电机发电。

电化学储能：通过化学反应将电能转化为化学能进行存储，其工作原理基于各种电化学电池，如锂离子电池、铅酸电池、磷酸铁锂电池、钠硫电池和液流电池等。完整的电化学储能系统主要由电池组、电池管理系统（BMS[1]）、储能变流器（PCS）、能量管理系统（EMS）及其他辅助设备构成。

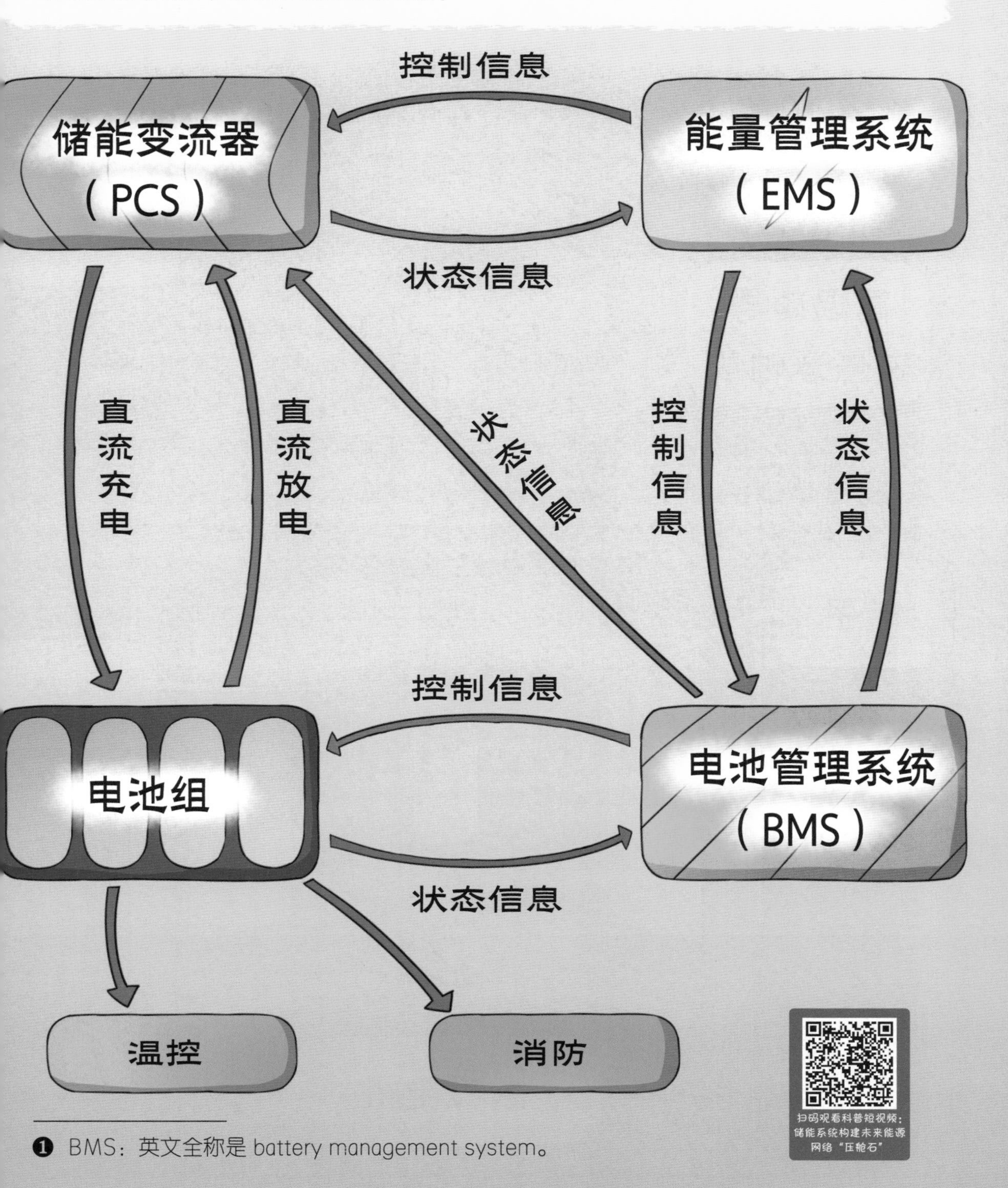

❶ BMS：英文全称是 battery management system。

电磁储能：主要包括超导储能和超级电容器储能。超导储能利用超导体的零电阻特性来实现能量的储存和释放。超级电容器储能则介于传统电容器和充电电池之间，兼具快速充放电特性和储能特性。

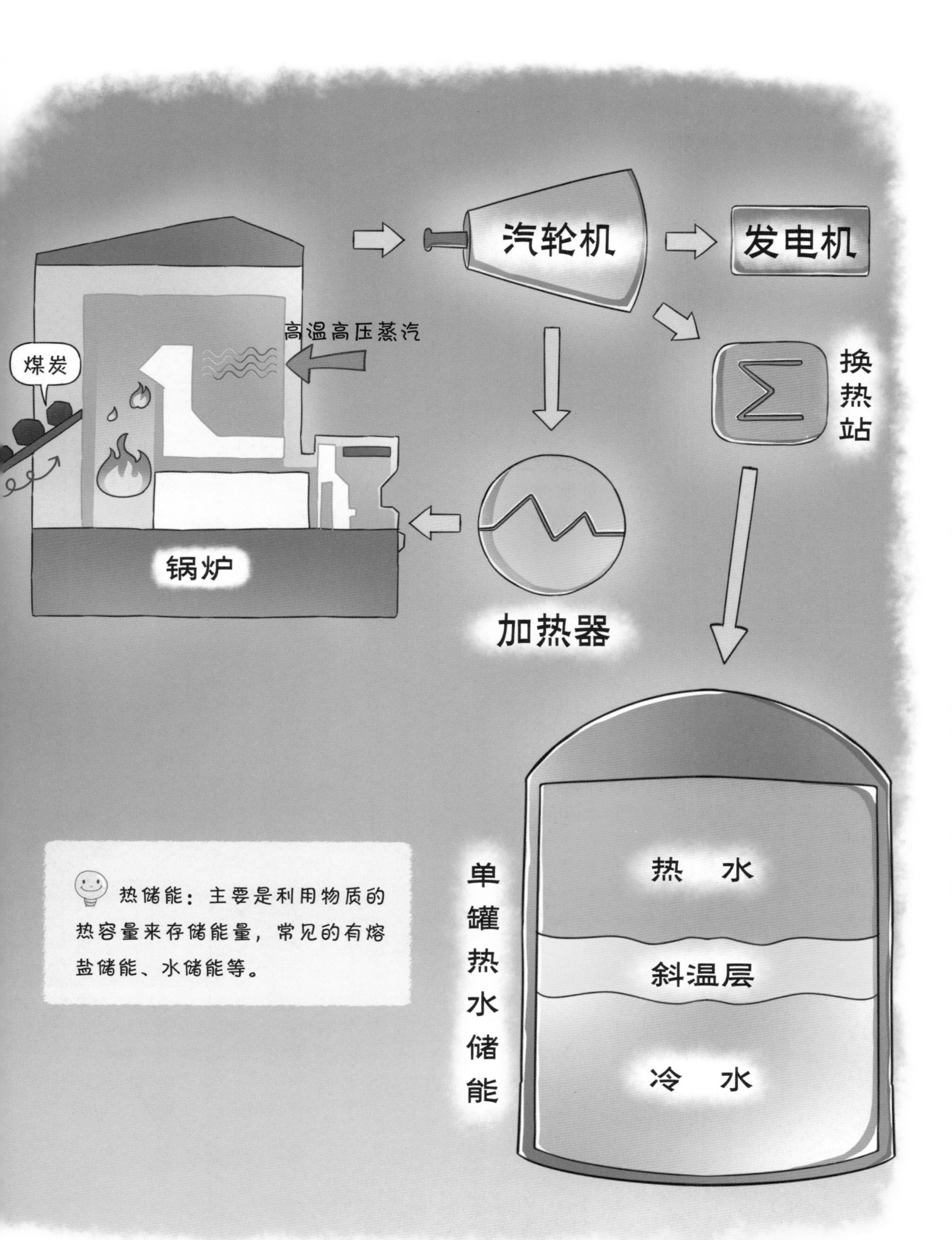
汽轮机
发电机
高温高压蒸汽
煤炭
换热站
锅炉
加热器
热 水
斜温层
冷 水
单罐热水储能
热储能：主要是利用物质的热容量来存储能量，常见的有熔盐储能、水储能等。

氢储能：利用氢或天然气作为二次能源的载体，通过电解水制氢，再将氢气作为能量载体进行存储。

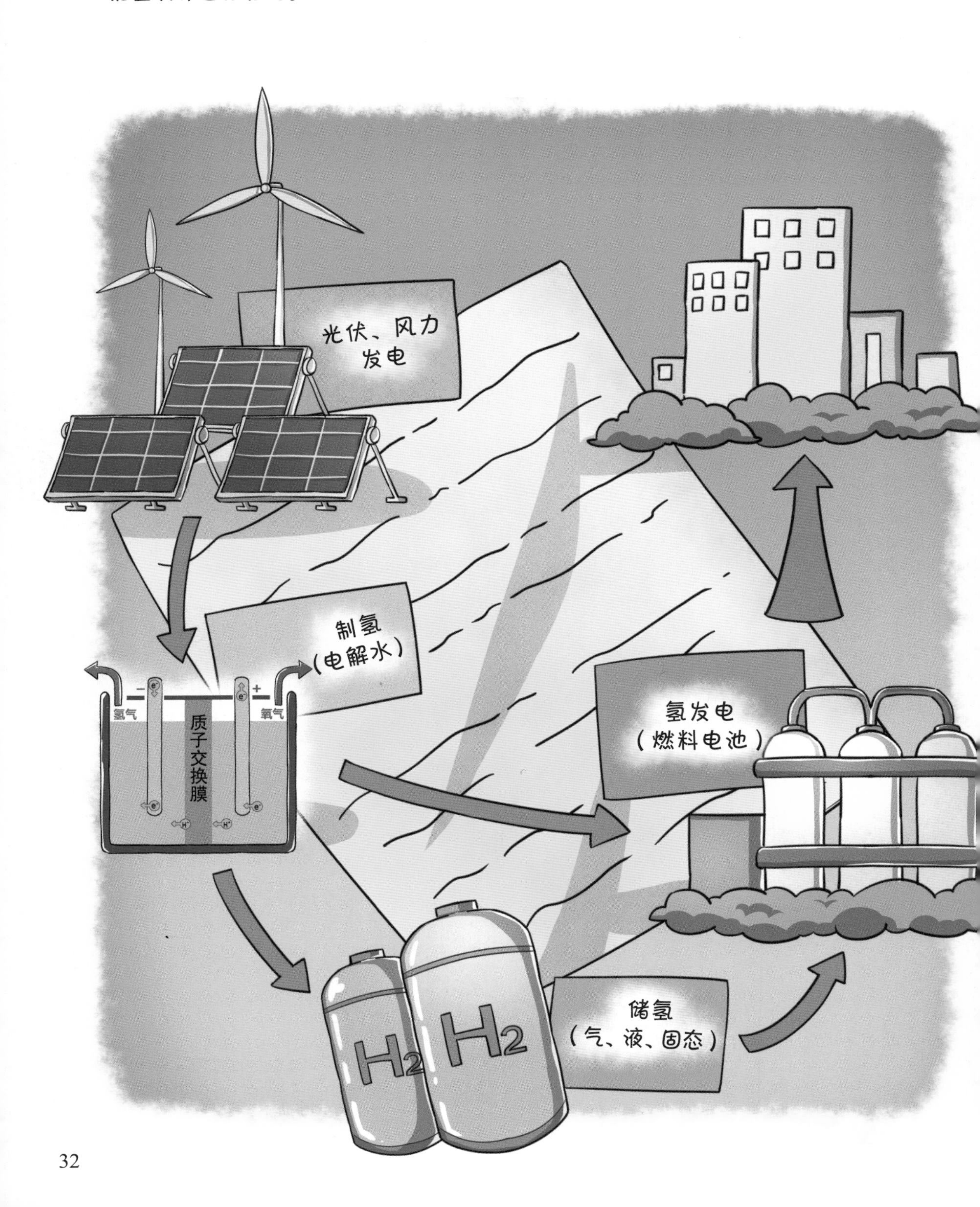

储能的应用

发电侧：在提升新能源消纳方面用途广泛，可以支撑柔性调节新能源发电曲线，降低间歇性、波动性和随机性电源对电网带来的冲击。

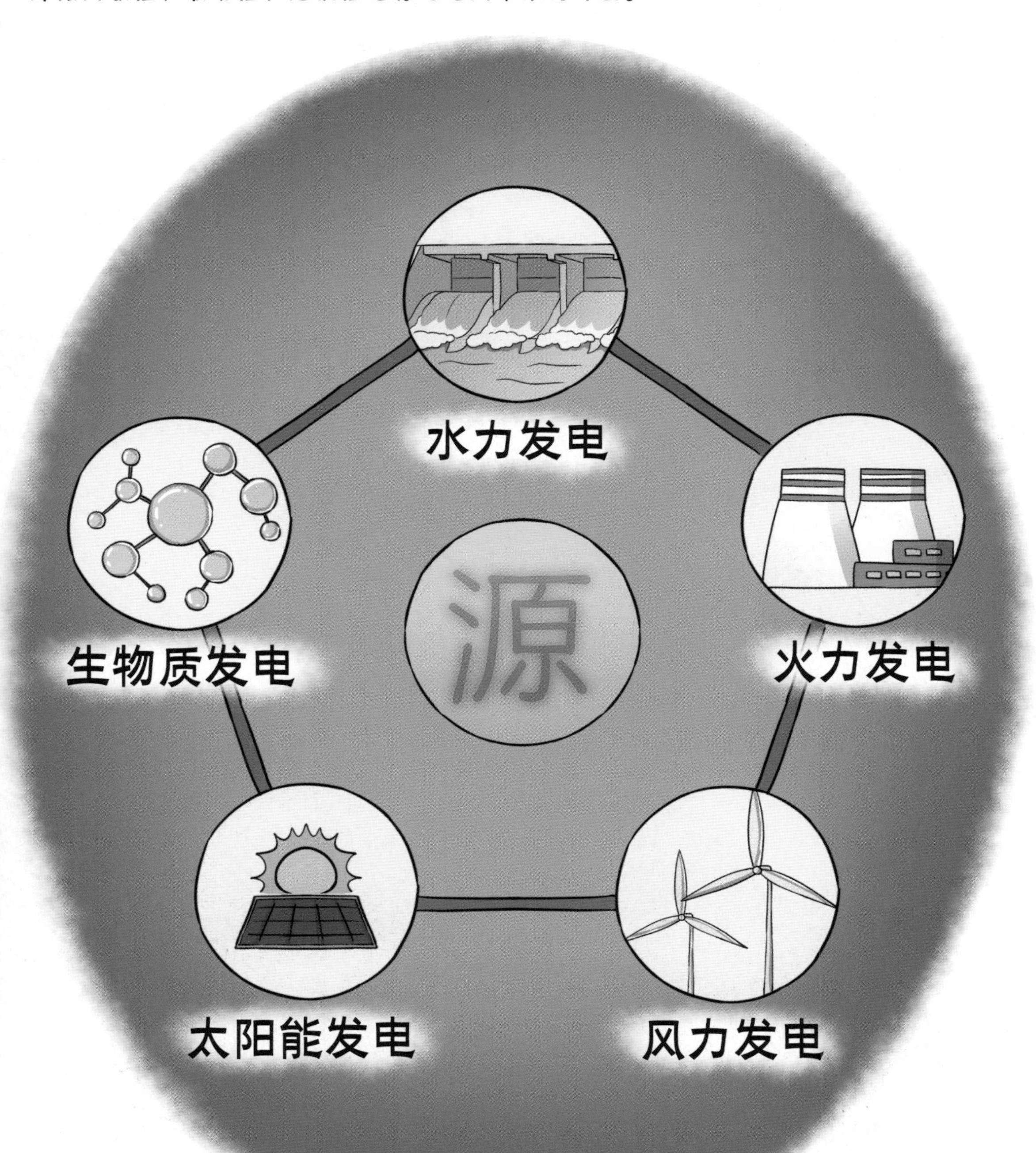

输电侧：有助于提高电网系统效率，可以平衡当地电网峰谷，作为局部地区调频资源统一调度。

配电侧：可以组建风光储充等微网系统，提高电网可靠性和电能质量。

用户侧：可以帮助用户实现削峰填谷，减少电费支出，还可以作为备用电源，提供临时电力支援。

阅读笔记

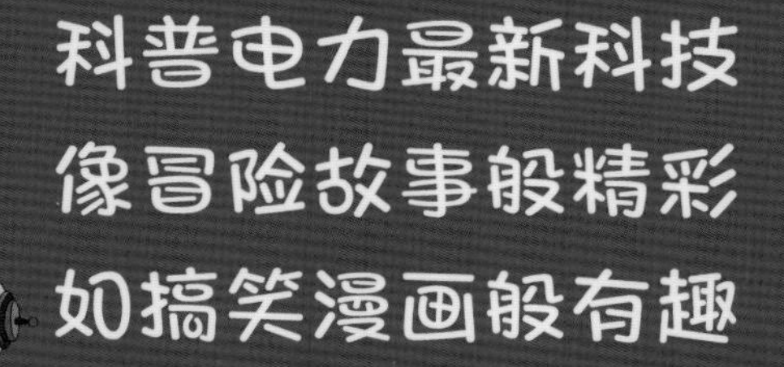

《桃花源探电记》

《无人驾驶汽车初体验》

《新能源汽车的“加油站”》

《E 起探索光伏奇缘》

《充电宝里的储能工厂》

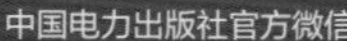

中国电力出版社官方微信

中国电力百科网网址

智慧用电科普基地官方微信

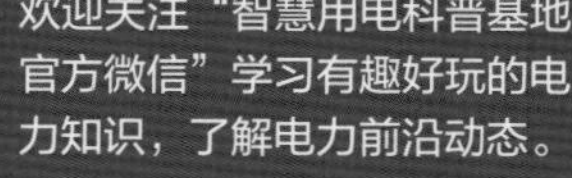

欢迎关注“智慧用电科普基地官方微信”学习有趣好玩的电力知识，了解电力前沿动态。

ISBN 978-7-5198-9597-6

定价：20.00 元

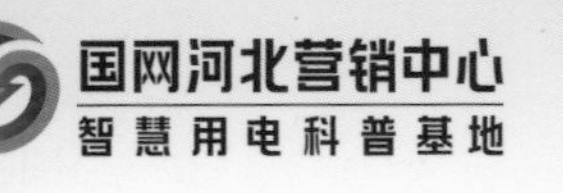

E起充电吧

桃花源探电记

陈　磊　武光华　陶　鹏　郭　威　等◎著

发现桃花源里微电网的智能未来

中国电力出版社
CHINA ELECTRIC POWER PRESS